U0581906

建设社会主义新农村图示书系

图说茄子
病虫害防治关键技术

孙　茜　潘文亮　王幼敏　主编

中国农业出版社

图书在版编目（CIP）数据

图说茄子病虫害防治关键技术 ／ 孙茜，潘文亮，王幼敏主编. — 北京：中国农业出版社，2012.1
ISBN 978-7-109-16519-9

Ⅰ.①图… Ⅱ.①孙… ②潘… ③王… Ⅲ.①茄子－病虫害防治－图说 Ⅳ.①S436.411-64

中国版本图书馆CIP数据核字（2012）第008370号

中国农业出版社出版
（北京市朝阳区农展馆北路2号）
（邮政编码 100125）
责任编辑 张洪光 阎莎莎

中国农业出版社印刷厂印刷 新华书店北京发行所发行
2012年1月第1版 2012年1月北京第1次印刷

开本：880mm×1230mm 1/32 印张：3
字数：78千字 印数：1～6 000册
定价：15.00 元
（凡本版图书出现印刷、装订错误，请向出版社发行部调换）

编著者名单

主　编　孙　茜　潘文亮　王幼敏

副主编　姜京宇　石琳琪　马广源　孟祥发

编　委（按姓名笔画排序）

　　　　王淑荣　冯增林　李　楠　李铁权

　　　　李爱华　宋建新　张建成　陈雪平

　　　　罗双霞　赵洪波　袁章虎　徐丽荣

　　　　高亚青　董灵迪

前　言

接受中国农业出版社编写《图说茄子病虫害防治关键技术》一书的任务之后，我一直在思考如何使关键技术更加贴近生产一线和实用，这应该是写好这本书的重点。奔着贴近生产一线和实用这个目标，我将近年来在承担绿色蔬菜生产技术集成项目中进行的茄子病虫害整体防控方案田间试验与示范，以及棚室茄子无公害生产关键技术的实战示范实践加以归纳总结，整理编写成《图说茄子病虫害防治关键技术》一书。

这本书不仅文字简洁易懂，还有126幅生动直观的彩色照片，可以帮助读者对照图片识别茄子病虫害，理解书中的关键技术。特别是一些新经验、新点子和经过菜农试用成功的新技术，是我们对读者的特别奉献。

希望这本书成为菜农朋友种菜致富的好帮手。

编　者

2011 年 7 月

目 录

一、病 害

苗 期 猝 倒 病

[症状] 猝倒病是茄子苗期的重要病害。多发生在早春育苗床（盘）上，常见症状有烂种、死苗、猝倒三种。烂种是播种后在其未萌发或刚发芽时就遭受病菌侵染，造成腐烂死亡；幼苗感病后在土表层茎基部呈水渍状软腐倒伏，即猝倒，如图1。湿度大时，幼苗初感病时秧苗根部呈暗绿色，感病部位逐渐缢缩，病苗折倒坏死。染病后期茎基部变成黄褐色干枯呈线状，如图2。在病苗或床面上密生白色棉絮状菌丝。

图1 幼苗感染猝倒病状

图2　秧苗根部缢缩褐色干枯

[发病原因] 病菌主要以卵孢子在土壤表层越冬。条件适宜时产生孢子囊释放出游动孢子侵染幼苗。通过雨水、浇水和病土传播，带菌肥料也可传病。低温高湿条件下容易发病，土温10 ～ 13℃，气温15 ～ 16℃病害易流行发生。播种或移栽或苗期浇大水，又遇连阴天低温环境发病重。

[防治关键技术]

生物防治：

（1）选用抗病品种。所有病害防治方法最经济、有效的方法就是选种抗病品种。生产中有茄杂2号、黑茄王、农大601、辽茄4号等品种较抗猝倒病。

（2）采用无土育苗法。即使用灭菌后的基质、草炭土、营养块等育苗。

（3）加强苗床管理，保持苗床干燥，适时放风，避免低温高湿条件出现，不要在阴雨天浇水，应选择晴天的上午浇水。

（4）苗期喷施叶面肥，如喷施1亿个/克枯草芽孢杆菌500倍液于幼苗床上或淋灌，用以增强幼苗的抗病能力和保证幼苗健壮生长，而且可避免喷施其他药剂带来的安全风险。

（5）清园切断越冬病菌来源，用大田土和腐熟的有机肥配制育苗营养土。严格限制化肥用量，避免烧苗。合理分苗和密植，控制湿度、浇水是关键。

药剂防治：

（1）苗床土应注意消毒及药剂处理。处理土壤的配方是：取大田土与腐熟的有机肥按6∶4混均，并按每立方苗床土加入68%金雷水分散粒剂100克和2.5%适乐时悬浮剂100毫升拌匀过筛。用这样的土装入营养钵或做苗床土表土铺在育苗畦表面，或在播种覆土后用68%金雷水分散粒剂500倍液喷于土壤表面，匀可有较好的效果。

（2）种子药剂包衣防治：种子药剂包衣可选6.25%亮盾悬浮剂10毫升，或2.5%适乐时悬浮剂10毫升+35%金普隆乳化拌种剂2毫升，对水150～200毫升包衣3千克种子，可有效预防苗期猝倒病和其他如立枯病、炭疽病等苗期病害。注意包衣加水的量以完全充分包上种子为适宜，应充分晾干后再播种。

（3）药剂淋灌：救治可选用68%金雷水分散粒剂500～600倍液（折合100克药对3～4桶*水）、40%菲格悬浮剂500倍液、72%克抗灵可湿性粉剂600倍液、72%霜疫清可湿性粉剂700倍液、72.2%普力克水剂1 000倍液等对秧苗进行淋灌或喷淋（就像淋浴那样淋施秧苗）。

灰　霉　病

[**症状**]　灰霉病是棚室茄子越冬和早春栽培较为严重的病害，一旦幼茄感病损失极大，又较难防治。灰霉病主要为害幼果和叶片，严重时也有侵染茎秆的。染病叶片呈典型V形病斑，如图3。叶片染病中后期病叶密生灰霉，如图4。灰霉病发病叶片病斑后期具有轮纹，如图5。灰霉菌从雌花的花瓣侵入，使花瓣腐烂，如图6，从茄蒂顶端或从残留在茄果面上的花瓣腐烂开始发病，茄蒂感病向内扩展，致使感病茄果呈灰白色，如图7，软腐，长出大量灰绿色霉菌层，如图8。重度感染灰霉病时茎秆分权处长有灰白色霉菌，如图9。

---

*　本书中1桶水指1背负式喷雾器水，为15升。——编者注

图3　感染灰霉病的茄叶Ⅴ形病斑

图4　病叶中后期密生灰霉

图5　病叶后期产生轮纹

图6　染病花瓣腐烂

图7　感病茄果呈灰白色

图8　病茄果长出大量灰绿色霉菌层

图9　病茎长有灰白色霉菌

[发病原因]　灰霉病菌以菌核、菌丝体或分生孢子在病残体上越冬。病原菌属于弱寄生菌，从伤口、衰老的器官和花器侵入。柱头是容易感病的部位，致使果实感病软腐。花期是灰霉病侵染高峰期。病菌借气流和农事操作传带进行再侵染。适宜发病气温为18～23℃，湿度90%以上的低温高湿、弱光环境有利于发病。大水漫灌又遇连阴天是诱发灰霉病的最主要因素。种植密度过大，放风不及时，氮肥施用过量而形成的缺钙的碱性土壤，生长衰弱均有利于灰霉病的发生和扩散。

[防治关键技术]

生态防治：

（1）控湿设置。控制棚室湿度对防控茄子灰霉病有着非常重要的作用。棚室要高垄覆地膜栽培，如图10；地膜暗灌渗浇小水，有条件的可以考虑采用滴灌，如图11；采用透光性好的棚膜如明净华棚膜，示范效果得到肯定；应加强通风透光，尤其是阴天除要注意保温外，应严格控制灌水。早春将上午放风改为清晨短时间放湿气，清晨尽可能早的放风，进行湿度置换，尽快降湿提温有利于茄子生长。

（2）及时清理病残体，摘除病果、病叶和侧枝，并集中烧毁和深埋。注意摘除病茄时首先要对整体植株喷施防治灰霉病的药剂，对植株进行全面杀菌后再摘除病茄。应戴一次性手套或废弃的食品袋将病茄一一摘除或剪掉，立即放在一个密闭的袋子或桶里，严禁随手从风口扔出病果，否则病果上的霉菌会随风散落在植株上，污染健康植株和果实。清理病残体时，不要触摸任何健康的果实和植株。摘除完毕将病果袋子带出棚室深埋，切忌随意乱扔，那样病菌也会随气流传播，加重病害。

（3）合理密植。茄子是喜光作物，过密影响茄子着色，尤其是冬季栽培的茄子，充分见光才会使果实黑亮，优质，如图12。过密也不利于散湿和控制灰霉病的发生和传播。另外氮、磷、钾均衡施用，不过量使用氮肥也是控制病害的重要环节。

图10　采用高垄栽培的模式

图11　棚室栽培茄子滴灌模式

图12　越冬栽培见光充分的茄子长势

药剂防治：因茄子灰霉病是花期侵染，茄子蘸花辅助授粉时一定带药蘸花。

（1）蘸花施药配方：在配好的蘸花药液中，每1.5～2升加入10毫升2.5%适乐时悬浮剂，或加上2克50%卉友可湿性粉剂，或加上2.5克50%和瑞水分散粒剂等，蘸花或涂抹时应使花器均匀着药。也可单一用甲硫乙霉威保花药、丰产素2号等，每袋药对1.5千克水，充分搅拌后直接喷花或浸花。

（2）喷药防治：果实膨大期要进行重点喷雾防治。最好采用茄子一生病害整体防控方案（大处方）进行整体预防，参见本书第五部分。药剂可选用25%阿米西达悬浮剂1 500倍液、75%达科宁可湿性粉剂600倍液、56%阿米多彩悬浮剂1 000倍液，喷施预防。可选用50%卉友可湿性粉剂3 000～4 000倍液、50%和瑞水分散粒剂1 200倍液、50%农利灵干悬浮剂1 000倍液、40%施佳乐悬浮剂1 200倍液、50%多霉清可湿性粉剂800倍液、50%扑海因可湿性粉剂500倍液、50%利霉康可湿性粉剂1 000倍液，喷施防治。

绵　疫　病

[症状]　茄子绵疫病又称疫病，又叫掉蛋、烂茄子，是为害茄子的三大病害之一。绵疫病主要为害即将成熟的茄子，造成烂茄，

如图13。严重影响产量和收益，损失率可达20%～60%。绵疫病主要发生在茄果实、叶、茎、花器等部位。近地面果实先发病，受害果初现水渍状圆斑，稍有凹陷，以后很快扩大呈片状，如图14，直至整个果实受害，病部黄褐色，果肉变黑褐色腐烂，湿度大时受害果易脱落，如图15。茎部伤口或采摘果柄部位长出茂密的白色絮状菌丝，如图16，腐烂，有臭味。叶片受害呈不规则形或近圆形水渍状大病斑，病斑褐色，有较明显的轮纹，如图17，感病叶片变暗绿色或紫褐色，上部枝叶萎垂，潮湿时病部生有稀疏的白霉，如图18。绵疫病扩展很快，严重时植株整体茎、叶、果一起溃烂，损失惨重，如图19。

图13　感染绵疫病的烂长茄

图14　发病初期为水渍状圆斑，稍有凹陷

图说茄子病虫害防治关键技术

植物病虫防治系列

图15　果实受害，病部黄褐色

图16　长果柄部位长出茂密的白色絮状菌丝

图17　感病叶片上的水渍状大块轮纹病斑

图18　感病枝叶萎垂，潮湿时病部生有稀疏的白霉

图19　绵疫病田间严重发生状

[发病原因] 茄子绵疫病病菌以菌丝体、卵孢子及厚垣孢子随病残体在土壤或粪肥中越冬，借助风、雨、灌溉水、气流传播蔓延。发病适宜温度为28～30℃，棚室湿度大、大水漫灌以及漏雨棚室和施用未腐熟的厩肥发病严重。

[防治关键技术]

生物防治：

（1）选用抗病性较强的茄子品种，一般是圆茄品种比长茄品种抗病性强，紫茄品种比绿茄品种抗病性强，如茄杂2号、农大601、茄杂8号、黑茄王、北京九叶茄、天津大民茄、辽茄4号、成都墨茄等。

（2）实行3～5年轮作。选择高低适中、排水方便的肥沃地块，秋冬深翻，施足优质腐熟的有机肥，增施磷、钾肥。

（3）采用高畦栽培，如图20，避免积水，或高畦地膜覆盖，大小行栽培，有条件的地方建议使用膜下暗灌、滴灌，棚室湿度不宜过大，发现中心病株及时拔出深埋。控制好移栽定植后的棚室温湿度，注意通风，不能长时间闷棚。

（4）清洁田园，将病果、病叶、病株收集起来深埋。

（5）及时整枝、打掉下部老叶，一般茄子长成出售个头时，即可及时打掉下部老叶。禁止大水漫灌，注意通风透光，降低湿度。

（6）夏天暴雨过后，要用井水浇一次，并及时排走，降低地温，防止潮热气体熏蒸果实，造成烂果。这就是人们常说的"涝浇园"。

药剂防治： 生产中如果仅仅针对某一种病害进行防控是非常被动的，建议采用茄子一生病害整体防控方案（大处方）来系统性防控，可收到良好的防治效果，见本书第五部分。也可以选用40%菲格悬浮剂1 000倍液、25%瑞凡悬浮剂1 000倍液、75%达科宁可湿性粉剂600倍液、25%阿米西达悬浮剂1 500倍液、80%大生可湿性粉剂500倍液进行预防。治疗药剂可选用68%金雷水分散粒剂600倍液、25%瑞凡悬浮剂800倍液加25%阿米西达悬浮剂1 500倍液混用、40%菲格悬浮剂700倍液、72.2%普力克水剂800倍液、72%克抗灵可湿性粉剂800倍液、62.5%银法利悬浮剂800

倍液喷施。茎基部感病可用68%金雷水分散粒剂500倍液喷淋或涂抹病部，尤其是感病植株茎秆以涂抹病部效果更好。

图20　夏季茄子高垄栽培模式

褐　纹　病

[症状]　茄子褐纹病主要侵染子叶、茎、叶片和果实，苗期到成株期均可发病。幼苗受害时，茎基部出现近乎缩颈状的水渍状病斑，而后变黑凹陷，致使幼苗折倒。生产中常把苗期此病称为立枯病。茄子褐纹病以果实上病斑最易识别，起初病果呈圆形或椭圆形稍有凹陷的病斑，如图21，病斑不断扩大，其上有小黑点排列成轮纹状，可达整个果实，如图22，重症感染褐纹病的长茄，后期病部逐渐由浅褐变为黑褐色大块病斑。发病后期，病斑下陷，斑缘凸出清晰可见，病斑凹陷和生出麻点状黑色轮纹菌核，如图23。病果后期落地软腐，或留在枝干上，呈干腐僵果，如图24。叶片受害呈水渍状小圆斑，如图25，扩大后病斑边缘变褐色或黑褐色，病斑中央灰白色，如图26，有许多小黑点，呈同心轮纹状，易破碎穿孔。茎部受害，形成梭形病斑，边缘深紫褐色，最后凹陷干腐，皮层脱落，易折断，有时病斑环绕茎部，使上部枯死。

图21　稍有凹陷病斑的
　　　　茄果

图22　重症褐纹病斑
　　　　连片的茄果

图23　重症感染褐纹病的长茄

图24　长出麻点状黑色轮纹菌核的干腐僵果茄

图25　茄子叶片染病后呈水渍状小圆斑

图26　叶片上病斑边缘褐色或黑褐色，有灰白色斑心

[**发病原因**] 茄子褐纹病病菌以菌丝体或拟菌核随病残体或种子越冬，借雨水传播。发病适宜温度为24℃，湿度越大发病越重。棚室温度低、叶面结水珠或茄子叶片吐水、结露的生长环境下病害发生重，易流行。北方春末夏初棚室栽培或露地、秋延后栽培的茄子发病重。温暖潮湿、大水漫灌、湿度大、肥力不足、植株生长衰弱发病严重。一般春季保护地种植后期发病几率高，流行速度快。管理粗放也是病害流行的重要原因，损失是不可避免的，应引起高度重视，提早预防。

[**防治关键技术**]

生态防治：

（1）选用抗病品种：使用抗病品种是既省工又节约生产成本的首选防治病害的办法。选用抗病性较强的品种，如茄杂1号、茄杂2号、农大601、紫月长茄、辽茄4号、黑茄王等品种，及引进品种瑞马、安德列、布里塔、郎高等。

（2）轮作倒茬，苗床土消毒减少侵染源，苗床土消毒方法可参照苗期猝倒病。

（3）种子消毒：将种子袋放入55～60℃恒温水中浸15分钟，或将筛选好的种子放在干净的容器里，然后加入50℃的温水进行搅拌，再静置浸泡一昼夜，再用75%达科宁可湿性粉剂500倍液浸泡30分钟后冲洗干净催芽。以上方法均有良好的杀菌效果。

（4）种子包衣防病：选用6.25%亮盾悬浮剂10毫升或2.5%适乐时悬浮种衣剂10毫升，对水150～200毫升，可包衣3～4千克种子，灭菌防病。

（5）结果期防止大水漫灌，增加田间通风量。棚室栽培，应加强棚室管理，通风放湿气。避免叶片结露和吐水珠。地膜覆盖或滴灌可降低湿度，减少发病机会。整枝、绑蔓、采收等应选在晴天进行，避免农事操作传播病害。

药剂防治：建议采用茄子一生病害防控方案（大处方）进行预防（见本书第五部分）。因病害有潜伏期，发病施药已错过了最佳防控时机。采取25%阿米西达悬浮剂1 500倍液早期系统预防会有非常好的效果。也可选用75%达科宁可湿性粉剂600倍液、

56%阿米多彩悬浮剂800倍液、10%世高水分散粒剂1 500倍液、32.5%阿米妙收悬浮剂1 000倍液、80%大生可湿性粉剂600倍液、5%霉能灵可湿性粉剂800倍液、25%凯润乳油1 500倍液、70%品润干悬浮剂600倍液等喷雾，生长后期视病害发生程度而采取适当措施，严重时可以选用25%势克乳油4 000倍液、30%爱苗乳油3 000倍液、25%敌力脱乳油4 000倍液喷雾。

褐　斑　病

[症状]　褐斑病常发生在茄子生长中后期，主要为害叶片。染病初期叶片呈水渍状褐色小斑点，病斑颜色较鲜亮，逐渐扩展成不规则深褐色病斑，病斑中央呈灰褐色亮斑，如图27，并在周围伴有一条轮纹宽带，严重时病斑连片，导致叶片脱落。

图27　感染褐斑病的茄子叶片

[发病原因]　病菌以菌丝体或分生孢子器随病残体在土中越冬，借风雨传播，从伤口或气孔侵入，高温高湿条件下发病严重。春季设施茄子生长后期和雨季到来时有利于病害流行。

[防治关键技术]

生态防治：①实行轮作倒茬；②地膜覆盖栽培可有效减少初

侵染菌源；③适量浇水，雨后及时排水；④茄子生长后期打掉老叶，加强通风；⑤合理增施钾肥、锌肥，注意补镁补钙。

药剂救治： 病害有潜伏期，发病后防治已经非常被动。建议采用茄子一生病害防控方案（大处方）进行整体预防，成本低，效益高，污染少可参见本书第五部分。采取25%阿米西达悬浮剂1 500倍液预防，或作物生长早期施用32.5%阿米妙收悬浮剂1 200倍液就会把褐斑病控制在生育期内不发生为害。上述药剂预防会有非常好的效果。也可选用75%达科宁可湿性粉剂600倍液、56%阿米多彩悬浮剂1 000倍液、32.5%阿米妙收悬浮剂1 200倍液、10%世高水分散粒剂1 500倍液、80%大生可湿性粉剂600倍液、5%霉能灵可湿性粉剂800倍液、50%利霉康500倍液、50%灰美佳可湿性粉剂500倍等喷雾，生长后期视病害发生程度，严重时可以选用25%势克乳油4 000倍液、30%爱苗乳油3 000倍液、25%敌力脱乳油4 000倍液，喷雾救治。

黄 萎 病

[**症状**] 茄子黄萎病又称半边疯，如图28。主要为害叶片，在各个生长期均可发病，以结果期发病最重。一般先在中下部叶片开始发病，发病初期先表现为下部或一侧部分叶片中午萎蔫，如图29，疑似脱水性萎蔫，早晨和晚上能恢复，反复几天之后不再恢复。故俗称"半边疯"，叶片颜色由黄变褐，叶缘向上卷曲，如图30，逐渐向上扩展，直至全株发病。切开根、主茎、侧枝和叶柄，可见到维管束变黄褐色或棕褐色，如图31、图32。萎蔫部位或叶片不断扩大增多，逐步遍及全株致使整株萎蔫枯死，如图33。湿度大时感病茎秆表面生有灰白色霉状物。

[**发病原因**] 黄萎病菌系大丽轮枝菌，在维管束导管内生长繁殖，并随植株体液流向茎、枝、叶、果实和种子，形成系统性侵染。植株从苗期到生长发育期均可染病。病菌以休眠菌丝体、厚垣孢子和菌核随病残体在土壤中越冬，并可在土壤中存活6～8年，从伤口、根系的根毛细胞间侵入，进入维管束并在维管束中

发育繁殖，并扩展到枝叶。病菌在维管束中繁殖堵塞导管致使植株逐渐萎蔫，枯死。发病适宜温度为19～24℃。地势低洼、浇水不当、重茬、连作、施用没腐熟肥料的地块发病重。气温15～25℃、土壤潮湿或浇水次数过多，发病率较高。特别是重茬地、低洼地、冷空气频繁侵袭、缺肥或偏施氮肥及施用未腐熟肥料地，或化肥致沙性田地，茄子生长发育不良，抗病能力弱，有利于病害发生和蔓延。气温超过28℃时病害发生受到抑制。

图28　感染黄萎病呈半边疯的茄子叶片

图29　感染黄萎病的茄子植株初期症状

图30　感染黄萎病后茄子叶片由黄变褐，叶缘上卷

图31　正常的茄子维管束

图32　感染黄萎病后茄子维管束病变褐色

图33　茄子黄萎病田间为害状

[防治关键技术]　对茄子黄萎病一定要以生态防治为基础，结合种子和土壤消毒，以发病时用药为辅。

生态防治

选择抗病品种：　一般早熟、耐低温的品种抗黄萎病能力强，应注意选种。从无病区调入抗病品种或种苗，如农大601、快星、紫月、茄杂2号、茄杂9号。引进品种郎高、瑞马、安德列均较抗黄萎病。

土壤处理：营养土、苗床土或大棚土壤应消毒处理，取大田土与腐熟的有机肥按6∶4混均，并按1米^{3}苗床土中加入1亿个/克枯草芽孢杆菌可湿性粉剂500克＋2.5%适乐时悬浮剂100毫升拌匀后过筛，如图34。用配好的苗床土装营养钵或铺在育苗畦

图34　过筛拌药土

上，可以减轻土壤中黄萎病菌的危害。育苗时，当茄苗长至3～4片真叶时，建议采用1亿个/克枯草芽孢杆菌可湿性粉剂500倍液淋灌幼苗，这个时期施药对预防黄萎病非常关键。而且施用生物杀菌剂枯草芽孢杆菌非常安全，不烧苗，可防病壮苗。

种子包衣：选用4.8％适麦丹悬浮种衣剂10毫升，对水150～200毫升可包衣2千克种子。注意：加水量应看种子的大小来定，以让种子充分着药包衣均匀为目的。药剂包衣后应充分晾干，然后播种。

嫁接：采用野生茄子作砧木与所选种的茄子品种做接穗，嫁接处理是当前最有效的防治黄萎病的方法。在生产上采用托鲁巴姆、刺茄（CRP）或赤茄作砧木，其中以托鲁巴姆的嫁接亲和性较强，生长势增强明显，如图35，生产上应用也最多。一般砧木托鲁巴姆每667米²用种10～15克，接穗品种每667米²用种30～40克。近两年河北省经济作物研究所用番茄品种强势做砧木嫁接茄子防治黄萎病示范成功，又为重茬种茄开辟了防治黄萎病的新途径，如图36。

嫁接方式有许多种，生产中常用靠接、插接、劈接等方式，茄子生产中常用插接（图37）和楔接法（图38），也可以根据自己掌握的熟练程度选择适合自己的方法进行。

图35　野生茄托鲁巴姆嫁接的茄子

图36　番茄做砧木嫁接的茄子

图37　插接法嫁接后的茄子苗

图38　楔接法嫁接后的茄子苗

　　嫁接使用的砧木托鲁巴姆种子发芽和出苗较慢，幼苗生长也慢，要比接穗品种早播25天左右。托鲁巴姆种子休眠性强，提倡用催芽剂或赤霉素（九二〇）处理，将砧木种子置于55～60℃温水中，搅拌至水温30℃，然后浸泡2小时，取出种子风干后置于0.1%～0.2%赤霉素溶液中浸泡24小时，处理时放在20～30℃温度下，如图39，然后用清水洗净（图40），变温催芽。有的菜农有用纱布缝成比暖水瓶口略细的柱形小袋，用绳子系住一头，将种子装入纱布袋。在暖水瓶中加入半瓶30℃温水，再把纱袋种子包放入瓶中悬吊（不能触及水面），把长线留在瓶外固定好，塞紧瓶塞。以后每天换1～2次水。当种子张口时，将瓶中水温降至25℃，待全部种子齐芽后，即可播种。此法催芽，需7～8天。砧木应比接穗早播15～20天。一般砧木出苗后再播接穗，待砧木苗长到5～7片真叶半木质化、接穗茄子苗5～6片真叶时，进行嫁接。

图 39　恒温催芽

图 40　清水投洗种子

加强田间管理：适当增施生物菌肥和磷、钾肥；降低湿度，增强通风透光；收获后及时清除病残体；露地茄子需轮作倒茬，与葱、姜、蒜等非茄科作物实行2～3年轮作，可减轻发病；设施棚室需要进行土壤高温闷棚杀菌。

高温闷棚：

高温闷棚方法（1）：秸秆＋粪＋尿素＋速腐剂＋85％土壤含水量闷棚法。据最新日光能土壤高温闷棚防治茄子黄萎病效果试验示范结果证明，这种方法对控制黄萎病是比较有效的。操作程序如下。

①对连年种植的重茬地块，利用夏季休闲期，选择连续高温天气，将腐熟的鸡粪、农家肥、尿素、粉碎后的秸秆均匀撒施于棚室种植层表面，如图41。

②撒施促进秸秆腐熟和软化的生物发酵速腐剂，每667米^2 2千克，如图42。

③深翻旋耕，如图43。

④浇水，大水浇透，不要有明水，地面呈现湿乎乎的感觉为合适，如图44。

⑤覆盖地膜，进行闷棚，如图45。一般7~8月闷棚20~30天。插上地温表测试不同耕作层的土壤温度，如图46。一般测试耕作层10厘米和20厘米土壤温度可达45~60℃。

封闭闷棚结束后，揭去地膜，耙晒土壤，1周后即可播种，如图47。

图41 均匀撒施农家肥、尿素、粉碎后的秸秆于棚室土表

图42 撒施促进秸秆腐熟和软化的生物发酵速腐剂

图43　深翻旋耕

图44　大水浇透

图45　覆盖地膜

图46　插上地温表测试不同耕作层的土壤温度

图47　效果显著的闷棚示范

　　高温闷棚方法（2）：甲醛高温闷棚灭菌。对连年种植茄子（番茄）的地块，利用夏季休闲期，选择连续高温天气，深翻土壤后于傍晚用水浇透，第二天早上喷施40%甲醛溶液。每个标准大棚（667米²），甲醛用量为2 000 ～ 2 500毫升，加水50 千克，均匀喷雾，喷后立即覆盖地膜或大棚薄膜，注意千万不能漏气，密封10 ～ 15天后，揭去地膜，耙后晾晒10天以上，然后进行播种。

巧施生物农药枯草芽孢杆菌：即育苗—定植—瞪眼期枯草芽孢杆菌施药法。对于直根栽培或重茬茄子，一生中三个环节施用具有防治黄萎病菌特效的生物杀菌剂枯草芽孢杆菌是有效和可行的。

①育苗期：3～4真叶时，用10亿活孢子/克枯草芽孢杆菌可湿性粉剂500倍液淋灌幼苗。

②定植时：以药土比为1∶50的比例，用10亿活孢子/克枯草芽孢杆菌可湿性粉剂与细土混合好，每株50克穴施，或用10亿活孢子/克枯草芽孢杆菌可湿性粉剂800倍液每穴250毫升灌根（灌窝），定植缓苗生长期施用可以有较好的防病效果。

③幼茄瞪眼期：在门茄瞪眼期，对茄子植株进行防治黄萎病灌根施药。无论发病或不发病都要进行灌药预防。即10亿活孢子/克枯草芽孢杆菌可湿性粉剂1 000倍液，每株250毫升，灌根。

在进行上述枯草芽孢杆菌预防施药时需要注意的是：种植茄子的地力一定要在土壤有机肥含量或施入量较充分的前提下进行，土壤越肥沃，有机质含量越高，防治效果就越好。土壤盐渍化或化肥田、沙性土等肥力低下的土壤，防效不太理想。

药剂救治：药剂救治可采用药剂灌根的方法，门茄瞪眼期可选用10亿活孢子/克枯草芽孢杆菌可湿性粉剂1 000倍液，每株250毫升药液穴灌，或2.5%适乐时悬浮剂1 000倍液、75%达科宁可湿性粉剂800倍液、80%大生可湿性粉剂600倍液、70%甲基托布津可湿性粉剂500倍液、50%多菌灵可湿性粉剂500倍液，每株250毫升，在生长发育期、开花结果初期、门茄瞪眼时连续灌根，发现苗头早防早治效果会很明显。

白　粉　病

[症状] 茄子全生育期均可感病，主要感染叶片。发病重时感染枝干、茎蔓。发病初期主要在叶面或叶背产生白色圆形有霉状物的斑点，如图48，从下部叶片开始染病，逐渐向上发展。严重感染后叶面会生有白色霉层，如图49，发病后期感病部位白色霉层呈灰褐色，叶片发黄坏死。

图48 感染白粉病的茄子叶片

图49 茄子叶片背面白粉霉层

[发病原因] 病菌以闭囊壳随病残体在土壤中越冬。越冬栽培的棚室可在棚室内作物上越冬。借气流、雨水和浇水传播。温暖潮湿、干湿无常的种植环境，阴雨天气及密植、窝风环境易发病和流行。大水漫灌，湿度大，肥力不足，植株生长后期衰弱发病严重。

[防治关键技术]

生态防治：合理密植，种植抗白粉的优良品种，一般常种的品种有茄杂2号、茄杂4号、农大601、快星等系列品种及引进品种安德列等。

适当增施生物菌肥及磷、钾肥，有机含量不足或土壤盐化较重的地块，可以施入一些益微芽孢杆菌生物菌肥，促进土壤活化。加强田间管理，降低湿度，增强通风透光，收获后及时清除病残体，并进行土壤消毒。

药剂防治：建议采用茄子一生病害防控整体方案（大处方）进行整体预防。可采用25%阿米西达悬浮剂1 500倍液预防会有非常好的效果，也可选用75%达科宁可湿性粉剂600倍液、56%阿米多彩悬浮剂1 000倍液、32.5%阿米妙收悬浮剂1 200倍液、80%大生可湿性粉剂600倍液、10%世高水分散粒剂2 500～3 000倍液、70%品润干悬浮剂600倍液、2%加收米水剂400倍液、5%霉能灵可湿性粉剂800倍液、43%菌力克悬浮剂6 000倍液等喷施。生长后期可以用25%势克乳油4 000倍液、30%爱苗乳油3 000倍液喷雾。棚室拉秧后及时处理残株，并用硫黄熏蒸棚室灭菌。

细 菌 性 叶 斑 病

[症状]　茄子叶斑病是细菌性病害。主要为害叶片、叶柄和幼茄。茄子整个生长时期均可能受害，零星发病。感病叶片呈水渍状浅褐色凹陷斑。叶片感病初期叶背为浅灰色水渍状斑，如图50，渐渐变成浅褐色坏死病斑，病斑不受叶脉限制呈不规则状，茄子果实感染后从果柄和果萼处溃烂变褐，如图51，病斑逐渐变灰褐色，直至"掉蛋"。棚室温湿度大时，叶背面会有白色菌脓溢出，干燥后病斑部位脆裂穿孔，如图52，这是区别于疫病的主要特征。

[发病原因]　茄子细菌性叶斑病病菌可在种子内、外和病残体上越冬。病菌主要从叶片或茄果的伤口及叶片气孔侵入，借助飞溅水滴、棚膜水滴下落或结露、叶片吐水、农事操作、雨水、气流传播蔓延。适宜发病温度为24～28℃，相对湿度70%以上均可

促使病害流行。昼夜温差大、露水多，以及阴雨天气整枝绑蔓时损伤叶片、枝干、幼嫩的果实均是病害大发生的重要因素。

图50　呈浅灰色凹形病斑的茄子叶片

图51　染病果柄和果萼处溃烂变褐

图52　感染细菌性叶斑病叶片脆裂穿孔

[防治关键技术]

（1）**生态防治**：①选用耐病品种：引用抗寒或耐寒性强、耐弱光的品种，如农大601、冀杂7号。引进品种需严格进行种子消毒灭菌。②清除病株和病残体并烧毁，病穴撒石灰消毒。③采用高垄栽培，严格控制阴天带露水或潮湿条件下整枝绑蔓等农事操作。④种子消毒：可用温汤浸种，将种子投入55℃（2份开水+1份凉水）的温水中，搅拌至水温30℃，静置浸种16～24小时。或70℃ 10分钟干热灭菌。

（2）**药剂防治**：

喷施、灌根或处理土壤：预防细菌性病害初期可选用47%加瑞农可湿性粉剂800倍液、77%可杀得可湿性粉剂500倍液、25%细菌灵片剂400倍液、27.12%铜高尚悬浮剂800倍液喷施或灌根。每667米^{2}用硫酸铜3～4千克撒施后浇水处理土壤也可以预防细菌性病害。

药剂浸种：①福尔马林浸种，清水预浸5～6小时，再用40%福尔马林100倍液浸20分钟，取出密闭2～3小时，清水冲净，防细菌性病害。②升汞水浸种：清水预浸8～12小时，再用1000倍升汞水浸10分钟，清水冲净。③多菌灵浸种：清水预浸1小时，再用50%多菌灵可湿性粉剂500倍液浸7～9小时，清水冲净。

菌 核 病

[症状]菌核病在重茬地、老菜区发生比新菜区严重。茄子整个生长期均可以发病。成株期发生较多，成株期植株各个部位均有感病现象。先从主干茎基部或侧根侵染，呈褐色水渍状凹陷病变，如图53，主干病茎表面易破裂，湿度大时，皮层霉烂，髓部形成黑褐色菌核，致使植株枯死，如图54。叶片染病呈水渍状大块病斑，时有轮纹，如图55，易脱落。茄果受害端部或阳面先出现水渍状斑，后变褐腐，感病后期茄果病部凹陷，斑面长出白色菌丝体，如图56，图57，后形成菌核，如图58，图59。

图53　主干基部呈褐色凹陷病变

图54　皮层霉烂纤维外露植株枯死

图55　病叶上有轮纹的水渍状大块病斑

图56　病茄果面水渍状褐腐并长出白色菌丝体

图57　有轮纹病斑和初长菌丝的幼茄

图58　长出白色菌丝的幼茄

图59　染病的幼茄长出茂密菌丝

[发病原因]　病菌主要以菌核在田间或棚室保护地中越冬。春天子囊孢子以伤口、叶孔侵入，也可由萌发的子囊孢子芽管穿过叶片表皮细胞间隙直接侵入，适宜发病温度为16～20℃，早春棚室低温高湿、连阴天、多雾、雨雪天气发病重。

[防治关键技术]

生态防治：①保护地栽培，应采用地膜覆盖，以阻止病菌出土、降湿、保温净化生长环境。②土壤表面药剂处理，每100千克土加入2.5%适乐时悬浮剂20毫升、68%金雷水分散粒剂20克拌均匀撒在茄子育苗床上。对定植棚室土壤表面进行药剂封闭杀菌，即选择施用40%菲格悬浮剂500倍液、68%金雷水分散粒剂500倍液对定植前的穴窝或定植沟进行表面喷施，可以有效杀灭土壤表面的菌核病菌，减少侵染，减轻发病。③清理病残体集中烧毁。

药剂救治：建议采用茄子一生病害整体防控方案（大处方）进行预防，可有效降低发病几率，而且成本低、效益高（参见本书第五部分）。药剂可选用25%阿米西达悬浮剂1 500倍液、75%达科宁可湿性粉剂600倍液、40%菲格悬浮剂800倍液喷施预防，或选用10%世高水分散粒剂800倍液、56%阿米多彩悬浮剂1 000倍液、32.5%阿米妙收悬浮剂1 200倍液、2%加收米水剂500倍液、50%卉友可湿性粉剂3 000倍液、50%瑞镇水分散粒剂1 500倍液、

50%多霉清可湿性粉剂800倍液、50%扑海因可湿性粉剂500倍液、50%利霉康可湿性粉剂800倍液喷雾救治。

病 毒 病

茄子病毒病多发生在露地和秋延后茄子中，春末夏季育苗防治传毒媒介是防治病毒病的重中之重。

[症状] 茄子病毒病的感病症状主要有：花叶、条斑、黄顶、蕨叶、卷叶等。生产中常见的主要有花叶，如图60。花叶型病毒病的典型症状是叶片上出现黄绿相间或深浅斑驳，叶脉透明，叶子皱缩，生长不正常，植株略矮，如图61。条斑型病毒病症状是在叶、茎、果实上发生不同形状的条斑，如图62，斑点、云纹皱缩、褐色坏死斑，如图63。有些感病植株的症状是复合发生，一株多症的现象很普遍。

图60 感染花叶型病毒病的茄子叶片

图61　感染病毒病的叶子皱缩，植株略矮

图62　感染条斑型病毒病的茄子叶上产生不同形状的条斑

图63　茄子叶片背面产生的云纹褐色坏死斑

[发病原因] 病毒是不能在病残体上越冬的。只能以冬季尚还生存、种植的蔬菜、多年生杂草、蔬菜种株为寄主存活越冬。来年在存活寄主上发病，再由蚜虫等媒介昆虫取食传播，使病害发展蔓延。高温干旱适合病毒病发生增殖，有利于蚜虫繁殖和传毒。管理粗放、田间杂草丛生和紧邻十字花科蔬菜留种田的地块发病重。因此，防治病毒病铲除传毒媒介是非常关键的。

[防治关键技术]

生态防治：

（1）彻底铲除田间杂草和周围越冬存活的蔬菜老根，尽量远离十字花科蔬菜制种田。

（2）增施有机肥，培育大龄苗、粗壮苗，加强中耕，及时灭蚜和增强植株本身的抗病毒能力是防治的关键。

（3）秋延后设施栽培的茄子建议在育苗和定植后的棚室加设防虫网，采用两网一膜（即防虫网、遮阳网、棚膜），如图64，来抵御蚜虫、蓟马的传毒或为害，加防虫网是育苗期最有效阻断传毒媒介的措施。没有条件的可采用小拱棚防虫网，如图65，利用蚜虫的驱避性可采用银灰膜避蚜，利用蚜虫的趋黄色特性，可采用黄条板涂抹机油诱杀蚜虫，如图65。

图64　两网一膜育苗棚

图65　加设防虫网和黄板诱杀蚜虫的棚室

药剂防治：

灌根施药法： 可选用强内吸杀虫剂25％阿克泰可分散粒剂1 500倍液、24.7％阿立卡微囊悬浮剂1 000倍液，在移栽前苗床上一次性淋灌施药，持效期可长达25～30天。方法是在移栽前2～3天，用25％阿克泰可分散粒剂1 500～2 000倍液（即1背负式喷雾器水加8～10克药）、24.7％阿立卡微囊悬浮剂15毫升对1桶水喷淋幼苗，如图66，使药液除喷匀叶片以外还要渗透到土壤中。平均每平方米苗床喷药液2升，如图67。此方法有较好的防治蚜虫和白粉虱的效果起到防止其传播病毒病的作用。

喷施用药法： 可选用25％阿克泰水分散粒剂2 500～5 000倍液、24.7％阿立卡微囊悬浮剂1 500倍液、10％吡虫啉可湿性粉剂1 000倍液、2.5％绿色功夫水剂10毫升加25％阿克泰水分散粒剂4～6克对1喷雾器（15升）水混用，灭蚜、灭粉虱。

苗期尽早选用20％病毒A可湿性粉剂500倍液、3.4％碧护可湿性粉剂5 000倍液、1.5％植病灵乳油1 000倍液等药剂喷施，会有减缓病毒复制速度以及抑制其显症的作用。

图66　喷淋灌根治蚜防病毒病

图67　淋灌杀虫效果示范

线　虫　病

[症状] 线虫病就是菜农所说的"根上长土豆"或"根上长疙瘩"的病,如图68。感病的植株根部或须根生长发育不良,产生大小不等的瘤状根结,根结上再生长出细弱新根,后再长根结,几次循环后受害根犹如线穿小型乒乓球,如图69。剖开根结感病部位,可以看见很多细小的乳白色线虫埋藏其中。地上植株会因发病导致生长衰弱,中午时分有不同程度的萎蔫现象,并逐渐枯黄,死亡。

图68　茄子感染线虫病的根系

图69　重症感染线虫的茄子根系产生瘤状根结

[发病原因] 线虫生存在土表下5～30厘米的土层之中，以卵或幼虫随病残体遗留在土壤、粪肥中越冬，借病土、病苗、灌溉水和农事操作传播，可在土中存活1～3年。在条件适宜时须根上的瘤状物中的越冬卵孵化形成幼虫，在土壤中移动到根尖，由根冠上方侵入定居在生长点内，其分泌物刺激导管细胞膨胀，形成巨型细胞或虫瘿，称根结。田间土壤的温湿度是影响卵孵化和繁殖的重要条件，当土壤温度12℃时，卵开始孵化，15℃时幼虫开始侵入为害。土壤温度越高线虫发生越重，土壤温度低于15℃或高于35℃线虫侵染和发育受到抑制。一般喜温蔬菜生长发育的环境也适合线虫的生存和繁衍。线虫活跃在5～20厘米的土层中。随着北方深冬季种植茄子面积的扩大和种植时间的延长，给线虫越冬创造了很好的生存条件。连茬、重茬种植棚室茄子，发病尤其严重。越冬栽培茄子的产区线虫病害已经非常普遍。

[防治关键技术]

生态防治：

（1）采用无虫土育苗：选大田土或没有病虫的土壤与不带病残体的腐熟有机肥以6∶4的比例混匀，每立方米营养土加入1.8%虫螨克星乳油100毫升，或1.8%阿维菌素乳油100毫升混匀用于3～4米³的育苗土或现代化育苗设施的营养土消毒灭虫。不要在发生线虫病害的棚室里育苗。实在躲避不开的，建议育苗床下悬空，可反扣穴盘作支垫，如图70，上铺一层棚膜与地面隔离开，减少污染。

（2）种植抗线虫品种：如玛瓦F1、金棚百兴、茄杂13。利用抗线虫病品种是有效防控线虫病害的最直接、最经济的绿色蔬菜生产方法。

图70 棚室地面反扣穴盘作支垫与地面隔离，防线虫侵染育苗床

（3）利用抗线虫砧木：利用野生茄子品种或抗线虫的番茄品种做茄子的嫁接砧木，可以有效控制线虫的为害，减轻发生机率。抗线虫嫁接砧木有托鲁巴姆、超托鲁巴姆、9108等。

（4）石灰氮反应堆法灭菌杀虫。石灰氮学名叫氰氨化钙。石灰氮反应堆的原理是氰氨化钙遇水分解后所生成的气体单氰胺和液体双氰胺对土壤中的真菌、细菌、线虫等有害生物有广谱性杀灭作用。氰氨化钙分解的中间产物单氰胺和双氰胺最终可进一步生成尿素，具有无残留、不污染的优点。

使用方法：前茬蔬菜拔秧前5～7天浇一遍水，拔秧后将未完全腐熟的农家肥（厩肥还发臭的，没有发酵的）或农作物碎秸秆均匀地撒在土壤表面，每667米^{2}立即均匀撒施60～80千克的氰氨化钙均匀撒施，旋耕土壤10厘米深，使其混合均匀，再浇一次水后覆盖地膜，高温闷棚15天以上，然后揭去地膜，放风7～10天后可做垄定植。处理后的土壤栽培前注意增施磷、钾肥和生物菌肥。在北方棚室中，由于土壤大多是碱性和盐渍化严重，再用石灰氮处理容易加重土壤盐渍化的程度，我们建议菜农使用高温闷棚中的秸秆+粪+尿素+速腐剂+100%土壤含水量闷棚法。

（5）高温闷棚处理法

①土壤填充秸秆+粪+尿素+速腐剂+100%土壤含水量闷棚法：参照茄子黄萎病防治关键技术中的土壤处理。区别就是注意防治线虫时土壤含水量应该是大水漫灌。水量给人的感觉是土表面有积水，持续闷棚15天，这样的效果才会好。

②药剂处理闷棚法：在茄子拉秧后的夏季，将土壤深翻40～50厘米，沟施生石灰每667米^{2}200千克、1.8%阿维菌素乳油250毫升、40%辛硫磷颗粒剂1千克混入棚室土中。可随即加入松化物质秸秆每667米^{2}500千克，旋耕、挖沟浇大水漫灌后覆盖棚膜高温闷棚，或铺施地膜盖严压实。15天后可深翻地再次大水漫灌闷棚持续20～30天，可有效降低线虫病的危害。处理后同样需要增施磷、钾肥和生物菌肥，以增加土壤活性。处理后晾晒10天可以播种。

（6）轮作。可以与不受线虫为害的作物如小麦、玉米、高粱等轮作种植。时间越长，效果越好。

　　生物防治：每667米^{2}用5亿活孢子/克淡紫拟青霉颗粒剂2.5～3千克撒施，除了防控根结线虫外，还有一定的促进植物生长作用。

　　药剂防治：采用沟施、穴施、撒施等方式对土壤进行药剂处理，18%阿维菌素乳油2 000倍液每667米^{2}200～300毫升、0.5%阿维菌素颗粒剂每667米^{2}2.5～3千克，穴施用药。每667米^{2}沟施10%噻唑磷（福气多）颗粒剂1.5～2千克，均匀撒施到地表，随后将其均匀混入15～20厘米深的土壤中。施后覆土、洒水封闭盖膜1周后松土定植。每667米^{2}用5%克线丹颗粒剂8～12千克，田间撒施与土层混合均匀并保持湿润，助其充分发挥药效。需要提示和注意的是，对已经定植的植株生长早期发病，可以进行灌根和穴灌水施药，但是必须在采摘前30～40天施用。

斑　枯　病

　　[症状]　斑枯病有的菜农也称为斑点病、黑斑病。主要为害叶片、茎和果实。初染此病的叶片背面产生水渍状褐色小斑点，如图71。逐渐扩展后叶片正面形成圆形黑褐色略有凹陷的病斑，如图72。

图71　初染斑枯病叶片背面产生水渍状褐色小斑点

图72　病害发展后叶片正面形成圆形黑褐色略有凹陷的病斑

[发病原因]　病菌以菌丝体和分生孢子器随病残体在土中越冬，成为来年的初侵染源，借风雨传播或雨水反溅到茄子叶片上从伤口或气孔侵入。高温高湿条件下发病严重。春季棚室茄子生长后期和露地栽培茄子雨季到来时节有利于斑枯病病害流行。

[防治关键技术]

生态防治：①实行轮作倒茬；②采用地膜覆盖方式栽培可有效减少初侵染源；③适量浇水，雨后及时排水；④茄子生长后期打掉老叶，加强通风；⑤合理增施钾肥、锌肥，注意补充镁肥、钙肥。

药剂救治：建议采用茄子一生病害防控方案（大处方）整体预防。这样成本低效益高（见本书第五部分）。因病害有潜伏期，发病后再防治往往非常被动。应采取25%阿米西达悬浮剂1 500倍液、56%阿米多彩悬浮剂1 000倍液预防，或生长前期喷施80%大生可湿性粉剂600倍液、32.5%阿米妙收悬浮剂1 200倍液可控制斑枯病在生育期内不发生。上述药剂预防都会有非常好的效果。也可选用32.5%阿米妙收悬浮剂1 200倍液、10%世高水分散粒剂1 500倍液、2%加收米水剂600倍液、70%品润干悬浮剂600倍液、50%利霉康可湿性粉剂500倍液、5%霉能灵可湿性粉剂800倍液喷施防治，生长后期可以选用25%势克乳油4 000倍液、30%爱苗乳油3 000倍液、25%敌力脱乳油4 000倍液等喷雾防治。

青 枯 病

[症状]　茄子青枯病在生产中属于急性凋萎性病害。首先表现在一片或几片叶子褪绿性萎蔫，如图73。病情逐渐加重时造成整株性萎蔫，叶子变褐枯干，如图74。感病茎秆外部不表现异常，剖开茎部可看到木质部变褐，如图75，挤压切面会流出菌脓。感病后期枝干溃烂中空，全株凋萎，如图76。挤压茎秆能流出乳白色黏液是诊断青枯病的重要依据。

[发病原因]　茄子青枯病属于细菌性病害。病原细菌主要在土壤中越冬，来年依靠雨水、灌溉水以及土壤传播。从寄生根部或茎基部伤口侵入，繁殖蔓延。病菌生存适温3～30℃。因此，高温高湿是此病发病的重要条件。地温高于25℃时，此病流行的几率高。夏季阴雨天气整枝时损伤叶片、枝干、幼嫩茎造成伤口，均是病害大发生的重要因素。

[防治关键技术]

生态防治：①露地栽培，有条件的可实行与十字花科或禾本科作物作4年以上的轮作倒茬。水旱轮作效果最好。②清除病株和病残体并烧毁，病穴撒石灰消毒。③选用无病种子和采用高垄栽培，严格控制阴天带露水或潮湿条件下整枝绑蔓等农事操作。④种子消毒：可用温汤浸种，将种子投入至55℃（2份开水+1份凉水大约是55℃）的温水中，搅拌至水温30℃，静置浸种16～24小时后催芽播种；或70℃10分钟干热灭菌，后催芽播种。

药剂防治：①福尔马林浸种。清水预浸5～6小时，再用40%福尔马林100倍液浸20分钟，取出密闭2～3小时，用清水冲净后，催芽播种。②用10亿活孢子/克枯草芽孢杆菌可湿性粉剂100倍液拌种，能杀死附着在种子表面的病菌。③病害发生初期可选用47%加瑞农可湿性粉剂800倍液、77%可杀得可湿性粉剂600倍液、25%细菌灵可湿性粉剂400倍液、27.12%铜高尚悬浮剂800倍液喷施或灌根。也可每667米²用硫酸铜3～4千克撒施后浇水处理土壤可以预防土壤中细菌病害传播为害。

图73　初染青枯病茄子叶片褪绿性萎蔫　图74　青枯病发展后茄子叶片变褐枯干

图75　剖开染病茄子茎部可看到木质部变褐

图76　染青枯病后期茄子全株凋萎

二、生理性病害

在蔬菜生产一线，菜农对生理性病害的认知非常模糊，而生理性病害所占病害发生比率正逐年增加，已经成为影响生产优质蔬菜的重要障碍。在蔬菜生产中，因误诊而错误用药产生的各种农药药害、肥害等现象普遍发生；又因菜农随意将多种农药混施，造成的复合症状使蔬菜病害救治难度加大，正确认识和科学救治生理性病害是茄子病虫害防治的重要组成部分。

低 温 障 碍

[症状] 茄子是喜温作物，对温度的要求比较高（比番茄还要高一些）。茄子生长发育适宜温度为20～30℃，气温在20℃以下，授粉和果实发育将受到影响；低于15℃，植株生长缓慢，易落花。茄子停止生长的温度是13℃。低于10℃时，茄子植株的新陈代谢就会紊乱；在0℃时茄株会受冻害，持续时间长了，会枯萎死亡。茄子低温障碍主要发生在棚室栽培上，常见低温障碍有以下三种情况。

（1）秋季覆盖棚膜前昼夜温差大，白天30℃夜晚6～8℃甚至5℃以下，茄子生长在温度骤升、骤降的环境里，生理代谢紊乱，叶片呈现紫色后褪绿，如图77。长时间受到低温伤害，植株表现重症寒害，叶片变紫色并向黄化甚至白化发展，植株濒临死亡，叶片边缘呈掌状花叶，如图78。

（2）在北方越冬栽培茄子上，当深冬昼夜温差徘徊在5～10℃时，茄子受寒叶片向下弯，并卷缩呈勺状，如图79。

（3）北方春季多风，遭受大风袭击吹开棚膜，茄秧在高温适湿的环境下突然遭遇冷风和寒气，叶片细胞受冻害死亡，致使叶片干枯，如图80，严重的整株被冻死，如图81。

图77　气温骤降受寒造成的紫色褪绿叶片

图78　低温障碍造成的茄子掌状花叶

图79　低温寒害造成的卷缩勺状叶

图80　急剧降温茄秧受冻叶片干枯

图81　严重受风闪冻害的早春棚室茄苗

[发病原因] 茄子是喜温作物，耐受寒冷的能力是有限的。温度低于13℃时植株停止生长，当冬春季或秋冬季节栽培或育苗时，遭遇寒流，或长时间低温或霜冻植株便会产生寒害症状。茄子在昼温为20～30℃，夜温为18～22℃条件下可以正常生长发育，低于15℃发育迟缓，低于13℃茎叶停止生长，低于10℃，新陈代谢紊乱，低于6℃植株就会受寒害，低于2℃时会引起冻害。生存在寒冷的环境里，茄子叶片细胞会因冷害结冰，植株会受冻死亡，突然遭受零下温度会被迅速冻死。

[防治关键技术]

（1）选择耐寒、抗低温、抗弱光品种。如农大601、茄杂2号、京园1号、快星系列等。

（2）根据生育期确定保苗措施，避开寒冷天气移栽定植。

（3）育苗、定植后的茄秧应注意保温，可采用加盖草毡、棚中棚加膜等措施进行保温抗寒，如图82，发现低温障碍迅速用多层棚膜保温，会让受冻秧苗尽快解除灾情、正常生长。

（4）突遇霜寒，应采取临时加温措施，烧煤炉，或起用地热线、土炕等。

（5）定植后提倡全地膜覆盖，如图83，进行膜下渗浇，如图84，小水勤浇，切忌大水漫灌，有利于棚室保温控湿。有条件的可安装滴灌设施，既可保温控湿还可有效地降低植株病害发生程度。

图82　棚中棚加膜进行保温抗寒模式

图83　全地膜覆盖

图84　膜下浇灌

　　（6）喷施抗寒剂。可选用3.4%碧护可湿性粉剂6 000倍液，即1克药（1袋药）加15千克水（1背负式喷雾器）会有较好的缓解症状效果，也可用红糖50克加1背负式喷雾器水再加0.3%磷酸二氢钾喷施。

高　温　障　碍

[症状]　气温超过35℃时，茄子茎叶虽能正常生长，但花器发育受阻，短柱花比例升高，果实畸形或落花落果现象严重。生产中常见如下几种现象。

烫伤：在高温环境下药液、肥液及水分蒸腾对叶片和阳光直射下的果实会造成伤害（日烧），如图85。棚室气温持续在40℃以上时，叶缘向下卷曲，叶面呈现大面积紫色斑块，叶边失水萎蔫，严重的干枯，如图86。

图85　高温强光造成的茄子日灼病果

图86　高温下叶面大面积紫色斑块呈烫伤状

脱水性萎蔫：在北方春季大棚生产中，有时持续阴天，茄子长时间生长在弱光环境里，天气突然转晴，棚室温度骤升，蒸腾过快，植株光照突然由弱光改变为强光和高温环境，叶片会因水分吸收小于蒸腾速度，而呈现生理性脱水萎蔫现象，图87。

落花：越夏茄子，当气温高于40℃时，开花授粉过快，发育不完善，造成授粉花脱落，如图88。

图87　茄秧在高温蒸腾下的生理性脱水状

图88　高温导致落花

[发病原因] 茄子在昼温高于38℃，夜温高于25℃时生长受到抑制，代谢异常，叶片蒸腾过度，导致细胞脱水，呼吸消耗大于光合积累，就要消耗贮存的营养物质，植株处于饥饿状态，呈现生长紊乱现象，导致花发育不完善、叶片萎蔫、坐果率低、落果。越夏棚室温度在40～45℃时叶片会发生灼伤，就会产生叶片紫斑或卷曲、叶缘干枯、植株黄化萎蔫、裂果现象。干旱、炎夏暴雨放晴环境下受害症状更加严重。

[防治关键技术]

（1）选用耐热品种，如紫光大圆茄、超九叶茄、茄杂9号等。

（2）降温通风，露地栽培注意晴天暴雨后的"涝浇园"（浇清水，冲掉污水，降温，透气）。避免雨后骤然放晴发生高温烤秧、灼叶。保护地应注意加大风口透气，遮阴降温。使用遮阳网是最好的防范措施。棚室喷水降温效果不错，但应注意防止由于喷水加大了湿度而引致病害发生。

土壤盐渍化障碍

[症状] 植株生长缓慢、矮化，叶色深绿，叶缘浅褐色枯边，如图89，果实淡紫色，如图90，转色困难。严重时呈绿色或浅绿色。

图89　在盐渍化土壤中生长的茄子叶缘枯边状

图90　氮过量造成转色障碍的浅紫色茄果

[发病原因]　上述现象在重茬和连茬、有机肥严重不足、大量施用化肥的地块经常发生。原因是长期施用化肥，使土壤中的硝酸盐积累。由于土壤中的盐分借毛细管水上升积聚到表土层，使根压过小造成各种养分和水分吸收输导困难，导致茄果转色障碍、植株生长缓慢、如果温度高，水分蒸发量大，则叶缘呈枯干状，重症时植株则呈现盐渍化枯萎。

[防治关键技术]　增施有机肥，测土施肥，尽量不用容易增加土壤盐类浓度的化肥，如硫酸铵。重症地块灌水洗盐，泡田淋失盐分，并及时补充因此造成的钙、镁等微量元素。

土壤改良：深翻土壤，增施腐熟秸秆等松软性填充物质，加强土壤通透性和吸肥性能。已经种植的地块，可以考虑施用松土精或阿克吸晶体每667米^{2}200克可局部改善植株生长环境，但不是长久之计。

沤　　根

[症状]　主要在苗期发生，成株期也有发生。发病时根部不长新根，根皮呈褐锈色，水渍状腐烂，地上部萎蔫，易拔起，如图91。

[主要原因] 棚室长时间温度低，土壤含水量高湿度大，光照不足，造成根压小，吸水力差。

[防治关键技术] ①苗期和棚温低时不要浇大水，最好采用膜下暗灌小水的方式浇水。②选晴天上午浇水，保证浇后至少

图91　沤根秧苗

有2天晴天；③加强炼苗，注意通风，只要气温适宜，连阴天也要放风，培育壮苗，促进根系生长；④按时揭盖草苫，阴天也要及时揭盖，充分利用散射光。

畸　形　果

[症状] 果实缩小，僵硬，不发个，俗称石茄，如图92。茄果个头正常但茄蒂迸裂，露出茄籽，如图93，失去商品价值。茄果长圆形，两个茄身，如图94，属于非正常茄果。茄子生长正常，只是蒂部异常生出一个凸起，如图95。

图92　僵硬石茄

图93　畸形迸裂果

图94　双茄身畸形果

图95　蒂部异常凸起畸形茄

[发病原因] 茄子生长对温度的要求比较高（比番茄还要高一些）。低于15℃，授粉和果实发育将受到影响，生长缓慢，易落花。茄子停止生长的温度是13℃。低于10℃时茄子的新陈代谢就会紊乱。相反，温度高于35℃时，花器容易老化，短花柱比率增加，畸形果多或落花落果现象严重。茄子在开花前后遇低温、高温和连阴雨雪天，光照不足，造成花粉发育不良，影响授粉和受精。另外，花芽分化期温度过低，肥料过多，浇水过量，使生长点营养过多，花芽营养过剩，细胞分裂过于旺盛，会造成多心皮的畸形果，即双身茄。果实生长过程中，过于干旱又突然浇大水，造成果皮生长速度不及果肉快而引起裂果。蒂部异常凸起的茄子多与使用蘸花激素药剂浓度配比不当有关。

[防治关键技术] 加强温度调控，在茄子花芽分化期和花期保持25 ~ 30℃的生长适温，最高不能超过35℃；加强肥水管理，及时浇水施肥，但不要施肥过量或浇水过大。有条件的地方建议使用熊蜂授粉可以避免畸形茄的发生。使用蘸花药剂辅助授粉的，在造成畸形凸起果实的药剂配比上再加500毫升水量，基本可以不发生畸形果。

缺　镁　症

[症状] 茄子老叶片叶脉之间叶肉褪绿黄化，形成斑驳花叶，重症时会向上部叶片发展，逐渐黄化，直至整株枯干死亡，如图96。

[发病原因] 由于施氮肥过量，造成土壤呈酸性，影响植株对镁肥的吸

图96　缺镁造成的叶肉斑驳花叶

收，或钙中毒造成碱性土壤也会影响镁的吸收，从而影响叶绿素的形成，导致叶肉黄化。低温时，氮、磷肥过量，有机肥不足也是造成缺镁症的重要原因。

[防治关键技术] 增施有机肥，合理配施氮、磷肥，配方施肥非常重要。及时调试土壤酸碱度，改良土壤，避免低温，多施含镁、钾肥的厩肥。叶片可喷施古米叶10克对1背负式喷雾器水，或好施得800倍液，或瑞培绿10克对1背负式喷雾器，或90%高效腐植酸叶面肥颗粒剂10克对1背负式喷雾器，或叶绿宝10毫升（1袋），或1%～2%的硫酸镁、螯合镁、螯合锌等，均可缓解因寒冷造成的缺镁褪绿症状。需要注意的是：在溶解固体性叶面肥时，先用少量水化开，让其充分溶解后，再对大量水至喷雾器中，即二次稀释法。这样喷施的效果比较理想。

缺　硼　症

[症状] 新叶停止生长，生长点附近的节间显著缩短。上位叶向外侧卷曲，叶缘部分变褐色，叶缘黄化并向叶缘纵深枯黄呈叶缘宽带症。果实发育不全，生长不均匀，或生长缓慢，如图97，

发育受到抑制而畸形，如图98。果皮组织龟裂、硬化，有时茶黄螨为害后的症状与缺硼木栓化症状相似。停止生长的果实典型症状是我们常说的僵茄。

图97　生长缓慢且不均匀的茄果

[发病原因] 硼参与碳水化合物在植株体内的分配。因此，缺硼时生长点坏死，花器发育不完全，新叶、茎与果实生长停止。多年种植茄子连茬、重茬，有机肥不足的碱性土壤和沙性土壤，施用过多的石灰妨碍硼被有效吸收以及干旱、浇水不当、钾肥过剩都会造成缺硼症。缺硼时，并不对吸收钙的量产生直接影响，但缺钙症伴有缺硼症发生。

图98 幼茄停止生长的僵茄果

[防治关键技术] 改良土壤，多施厩肥，合理灌溉，增加土壤的保水能力。底肥施足硼肥，如持效硼，每667米^{2}施足硼锌肥2 000 ~ 3 000克、叶面花期喷施多聚硼、古米硼钙、瑞培硼或新禾硼，每次花蕾前喷一次。应注意：硼砂如果使用不当会加重土壤碱性。

三、虫害

烟 粉 虱

[为害状] 成虫或若虫群集嫩叶背面刺吸汁液，如图99，使叶片褪绿变黄。由于刺吸汁液造成汁液外溢又诱发落在叶面上的杂菌形成霉斑，如图100，严重时霉层覆盖整个叶面。霉污即是因烟粉虱刺吸汁液诱发的叶片霉层。

[为害习性] 烟粉虱一般在温室常年为害，周年均可发生。烟粉虱没有休眠和滞育期，繁殖速度非常快。1个月完成1个世代。雌成虫平均每头产卵150粒，每头雌虫还

图 99　烟粉虱群集茄叶背面刺吸汁液

图100　因烟粉虱刺吸而外溢的汁液诱发
霉污覆盖叶面

可孤雌生殖10个以上的雄性子代。成虫喜食幼嫩枝叶，有强烈的黄色趋性。随着温度的升高烟粉虱繁殖速度加快。18℃时发育历期31.5天，24℃时24.7天，27℃时22.8天。由此也能看出春末夏初粉虱繁殖加快，到了夏秋季节烟粉虱为害达到高峰。因此，从防治上看应该是越早越好。

　　[防治关键技术]

　　①天敌生物防治：棚室栽培可以放养丽蚜小蜂防治烟粉虱，如图101、图102。

图101　棚室吊挂丽蚜小蜂蜂卡

图102　丽蚜小蜂寄生烟粉虱状

②设置防虫网：为阻止烟粉虱飞入为害，大棚应设置40目防虫网，如图103，夏季育苗小拱棚也应加盖防虫网。

图103　设置防虫网的大棚

③黄板诱杀：设置黄板，每667米²吊挂30块黄板，诱杀板于棚室里虫网设置距风口1米，地面上方1～1.5米内，诱杀残存于棚室网内的烟粉虱。

④药剂防治：建议采用懒汉施药法即穴灌施药（灌窝、灌根），用强内吸杀虫剂25%阿克泰水分散粒剂，在移栽前2～3天，以1 000～1 500倍的浓度（1背负式喷雾器水加8～10克药）对幼苗进行喷淋，如图104，使药液除叶片以外还要渗透到土壤中。平均每平方米苗床用药4克左右（即2克药对1桶水，喷淋100棵幼苗），农民自己的育苗畦可用喷雾器直接淋灌，如图105。持续有效期可达20～30天，有很好的防治粉虱类和蚜虫的效果。用此方法可以有效预防粉虱和蚜虫传播病毒病。

喷雾施药：可选用24.7%阿立卡微囊悬浮剂1 500倍液、25%阿克泰水分散粒剂2 000～3 000倍液喷施或淋灌，15天1次，或25%阿克泰水分散粒剂加2.5%功夫水剂1 500倍液，或25%扑虱灵可湿性粉剂800～1 000倍液与2.5%功夫水剂1 500倍液混用，或10%吡虫啉1 000倍液、1.8%虫螨克星乳油2 000倍液喷雾防治。

图104　淋灌苗床施药方法

图105　秧畦喷淋灌药法

蚜　虫

[为害状] 以成虫或若虫群聚在叶片背面（图106）、生长点或花器上刺吸汁液为害茄子，如图107，造成植株生长缓慢、矮小，呈簇状。

图106　蚜虫在茄子叶片背面聚集为害状

图107　蚜虫刺吸茄子花器聚集为害状

[**为害习性**]　蚜虫1年可繁衍10代以上。以卵在越冬寄主上或以若蚜在温室蔬菜上越冬，周年为害。6℃以上时蚜虫就可以活动为害，繁殖适宜温度是16～20℃，春秋时10天左右完成1个世代，夏季4～5天完成1代。每个雌蚜产若蚜60头以上，繁殖速度非常快。温度高于25℃时高湿环境下不利于蚜虫繁殖为害，这就是为什么在高温高湿环境下，蚜虫反而减轻的缘故。因此，北方蚜虫为害期多在6月中下旬和7月初。银灰色对蚜虫有驱避性，蚜虫有强烈的趋黄性。

[**防治关键技术**]

生物诱杀：蚜虫刺吸植株汁液不仅造成直接危害同时还是传毒媒介，预防病毒病也应该从防治蚜虫开始。及时清除棚室周围的杂草。经常查看作物上有无蚜虫，做到随有即防。铺设银灰膜避蚜，如图108。设置蓝黄板诱蚜，可就地取简易板材涂黄漆再涂上机油吊至棚中，30～50米^{2}挂一块诱蚜板，如图109。

图108　铺设银灰膜避蚜

图109　因地制宜做黄柱诱杀蚜虫

药剂防治：建议早期采用"懒汉灌根施药法"防治蚜虫为害（见烟粉虱防治关键技术，懒汉施药法），可有效控制蚜虫数量和为害。后期可选用24.7%阿立卡微囊悬浮剂1 500倍液、25%阿克泰水分散粒剂3 000倍液、2.5%功夫水剂1 500倍液、1%印楝素水剂800倍液、48%乐斯本乳油3 000倍液、10%吡虫啉可湿性粉剂1 000倍液喷施。

茶 黄 螨

[**为害状**] 茶黄螨虫体非常小，以至于人们的肉眼看不到，只能借助显微镜才能见到虫子。以成螨或幼螨集中在茄子幼嫩部位即生长点刺吸汁液，尤其是在茄子的幼芽、花蕾和幼嫩叶片上为害。受害植株叶片增厚、变脆、窄小、皱缩或扭曲畸形，重症植株常被误诊为病毒病。叶向背面呈灰褐色卷曲，节间缩短，幼茎僵硬直立，如图110。重症时生长点枯死呈秃顶状，植株矮小、叶片畸形，如图111。茄果受害果实表皮僵硬木栓化，膨大后表皮龟裂，如图112。

图 110 茶黄螨为害致叶缘呈灰褐色卷曲，节间缩短，幼茎僵硬直立

图111 受茶黄螨为害后植株矮小，叶片畸形

图112 茶黄螨为害幼茄呈僵硬木栓化果皮

[为害习性] 茶黄螨年发生25代以上。在北方露地不能越冬，只能以成螨在蔬菜棚室的土里和越冬蔬菜的根际处越冬。依靠爬行、风力和农事操作传带以及幼苗移栽扩展蔓延。茶黄螨繁衍很快，25℃时完成1代仅需要12.8天，30℃时10天就繁殖1代。成螨对湿度要求不严格，但是高温高湿有利于螨虫的繁衍。雄螨可以背负雌螨向植株幼嫩的枝叶移动。茶黄螨仅靠自身移动扩散距离不大，这也是螨虫为害呈点片发生特点的原因。远距离为害多与人为传带和移栽有关。因此，幼苗繁育和移栽时杀螨工作非常重要。

[防治关键技术] 清除田园杂草和茄子拉秧后的枯枝落叶，集中烧毁，防止残存枝条上的螨虫过冬。

育苗时可在幼苗2～3片真叶时，用10%杀螨霉素乳油1 000～1 500倍液喷施幼苗。

茶黄螨生活周期较短，繁殖力强，应注意早期防治，可用1.8%虫螨克星乳油2 000～3 000倍液、20%哒螨灵乳油1 500倍液、73%克螨特乳油2 500倍液或40%尼索朗乳油2 000倍液喷施。

红　蜘　蛛

[为害状] 是菜农常说的茄子"火龙"了的祸首。用肉眼看能在叶子背面看到小红点刺吸为害，如图113，仔细查看红蜘蛛常结成细细丝网，成螨和若螨在叶片背面刺吸汁液。被吸食的叶片正面呈现褪绿小斑点，严重时叶片呈沙点状，如图114，远看黄红色一片，即火龙状。以成螨或若螨集中在茄子幼嫩部位即生长点刺吸汁液。

图113　茄子叶背面红蜘蛛为害状

图114　严重为害时叶片呈沙点状褪绿

[为害习性] 红蜘蛛以成螨在蔬菜棚室的土里和越冬蔬菜的根际处越冬。依靠爬行、风力和农事操作传带以及秧苗移栽扩展蔓延。红蜘蛛繁衍很快，成螨对湿度要求不严格，这就是红蜘蛛干旱、高温环境下为害严重的缘故。红蜘蛛仅靠自身移动扩散距离不大，这也是螨虫为害呈点片发生的特点。红蜘蛛远距离为害多与人为传带和秧苗移栽有关。因此清洁田园非常重要。

[防治关键技术]

生态防治：①清除上茬蔬菜拉秧后的枝叶集中烧毁或深埋，减少虫源。②加强肥水管理，重点防止干旱，可减轻为害。

药剂防治：红蜘蛛生活周期较短，繁殖力强，应尽早防治，控制虫源数量，避免移栽传带。可选用1.8%虫螨克星乳油2 000～3 000倍液、20%哒螨灵乳油1 500倍液、73%克螨特2 500倍液、40%尼索朗乳油2 000倍液喷施。

潜 叶 蝇

[为害状] 潜叶蝇又称斑潜蝇。潜叶蝇在茄子一生中均可为害。从茄子子叶到生长各个时期的叶片，潜叶蝇幼虫均可潜入其中，刮食叶肉，在叶片上留下弯弯曲曲的隧道，如图115，严重时叶片布满灰白色线状隧道，如图116。

图115 斑潜蝇为害茄子幼叶形成的隧道（郑建秋摄）

[为害习性] 潜叶蝇在北方严寒冬季无法过冬,凡周年生长作物的地区,此虫为害较重。在北方,只能在周年种植蔬菜的温室里越冬,因此在温室里周年都可为害植株叶片。雌虫刺伤寄主叶片取食后

图 116　潜叶蝇为害呈灰白色隧道的茄子叶片（李明远摄）

留下食道作为产卵繁衍的场所。幼虫用口钩刮食叶肉,形成白色崎岖潜道。26.5℃是潜叶蝇适宜取食繁衍的温度,这时也多是春秋两季蔬菜种植生长高峰期。因此,控制潜叶蝇繁衍速度和早期杀灭是生产优质高产蔬菜的保证。

[防治关键技术]

生态防治: ①越冬温室实行隔年冬季休闲2个月的断茬灭虫法。②收获后清除田间植株残体集中烧毁,或粉碎后高温发酵沤肥,或就地粉碎加入鸡粪、秸秆、尿素和速腐剂高温闷棚杀菌杀虫一起搞定。③释放天敌:可释放姬小蜂、瓢虫、草蛉等天敌昆虫,抑制潜叶蝇的发生。④早期发现早期摘除虫叶,并带出菜田外沤肥或深埋。⑤棚室栽培,可设置防虫网,防止成虫进入棚室,从根本上阻止潜叶蝇的进入。吊挂黄板诱杀成虫:每20～30米² 放置一块黄板诱杀成虫。

药剂防治: 用25%阿克泰水分散粒剂3 000倍液加2.5%功夫水剂1 500倍液混合后喷施,或选用48%乐斯本乳油1 000倍液、52.25%农地乐乳油1 000倍液、1.8%虫螨克星乳油2 000倍液、1.8%阿维菌素乳油2 000倍液喷施。

蓟　马

[为害状] 蓟马为害茄子主要在嫩叶和生长点及花萼上，刺吸汁液，如图117。刺吸叶片在叶脉周围呈白色斑点，使叶片不能正常伸展，呈内卷叶，如图118。幼茄受害形成畸形僵果，如图119。

[为害习性] 蓟马在设施棚室里可以周年发生。一年可以完成10代。以成虫或若虫在棉花枯枝落叶中，葱、蒜、洋葱等叶鞘内侧和土块、土缝下面及白菜等田中越冬。来年春天会在早春作物、杂草上繁衍。繁衍适温25～32℃。以成虫在土壤内羽化爬出土表后向上移动为害。蓟马有较强的趋光性和趋蓝性。以夏、秋季为害严重。

图117　蓟马为害茄子花　（黄琏摄）

图118　蓟马刺吸叶片呈白色斑点

图119　蓟马为害的幼茄呈畸形状

[防治关键技术]

生态防治：①清除田间杂草，和拉秧后的残留植株集中处理，沤肥或闷棚。②利用成虫趋避性，设置蓝、黄板诱杀成虫。

药剂防治：可选用25%阿克泰水分散粒剂3 000倍液、6%艾绿士悬浮剂1 500～2 000倍液、24.7%阿立卡微囊悬浮剂1 500倍液、70%艾美乐水分散粒剂2 000倍液、0.36%苦参碱水剂400倍液或10%吡虫啉可湿性粉剂1 000倍液喷施。

棉 铃 虫

[为害状] 棉铃虫食性很杂，除了为害棉花、玉米、小麦等大田作物之外，也能为害番茄、辣椒、茄子、南瓜、豆类、甘蓝等蔬菜。以幼虫蛀食茄子的叶片，如图120、花蕾、幼果，食害嫩芽、幼茎和叶片。在茄子上主要为害叶片，造成叶片大面积缺刻或空洞，如图121。为害茄子的多是棉铃虫二代露地（6月中下旬）夏秋季生长期发生。越夏、露地种植的茄子会在盛果期（7月初）遭受二代棉铃虫幼虫为害。秋季种植的，会在盛果期的9月遭受四代棉铃虫或烟夜蛾幼虫为害。防治要抓住卵期、幼虫尚未蛀入果实的有利时机。

图120　棉铃虫啃食茄子叶片

图121　被棉铃虫啃食的大面积缺刻的茄子叶片

[发生规律]　棉铃虫在我国广泛分布，由北向南1年发生3～7代，在辽宁、河北北部、内蒙古、新疆等地1年发生3代，华北4代，长江以南5～6代，云南7代。在华北地区，第一代幼虫为害期为5月下旬至6月下旬，第二代幼虫发生为害盛期在6月下旬至7月，第三代幼虫为害期在8～9月，第四代幼虫主要发生在9月至10月上、中旬。可见，棉铃虫各代在中后期发生世代不整齐，在同一时间往往可见到各种虫态。因此，各种蔬菜只要生育期适合（花、蕾、果），都会受到棉铃虫为害。受害花蕾苞叶张开，变黄，脱落；受害花雌、雄蕊被吃光，不能坐果；幼虫钻入果实为害，造成果实脱落或腐烂，幼虫在菜心内取食，并将粪便排在里面，造成腐烂。大发生年份，蛀果率可高达30%～50%，造成减产并影响品质。

[形态特征]　棉铃虫成虫为中型的蛾子，体长15～20毫米，翅展31～40毫米，前翅灰褐或灰绿色，中前部位有一对肾形斑和环形斑。卵呈馒头形，有纵隆纹，初产时乳白色，逐渐变黄，变黑后孵出幼虫。初孵幼虫个体很小，黑色，经过4～5次蜕皮不断长大，最大时体长40～50毫米。棉铃虫幼虫长大后因为食物等原因，体色可呈不同类型，如全绿色、淡红色、褐色等，但体背和体侧都带有不同颜色的纵线。棉铃虫成虫具有趋光性、趋化性，

所以利用黑光灯、糖醋液和杨树枝把可以诱杀成虫。

棉铃虫的卵为散产，幼虫孵出后，有取食卵壳的习性，所以卵期喷施只有胃毒作用的药剂，例如苏云金芽孢杆菌制剂，也能起到杀虫作用。

棉铃虫幼虫从孵化后到二龄一直在作物表面取食和爬行，二龄后期开始钻蛀。所以在钻蛀之前进行喷药防治能收到更好的效果。

[防治关键技术]

（1）农业防治：结合田间管理，及时整枝打杈，把嫩叶、嫩枝上的卵及幼虫一起带出田外烧毁或深埋；结合采收，摘除虫果集中处理，可减少田间卵量和幼虫量。

（2）诱杀成虫：使用诱虫灯、杨树枝把、糖醋液诱杀成虫可减少田间虫源。

（3）生物防治：在卵高峰时喷施苏云金杆菌(Bt)高含量可湿性粉剂（16 000IU/毫克）每亩300克对水喷雾。在棉铃虫产卵始期、盛期、末期释放赤眼蜂。每亩放蜂1.5万头，每次放蜂间隔期3～5天，连续3～4次。

（4）药剂防治：根据预测预报，在虫卵高峰3～4天后，可用100亿活芽孢/克Bt粉剂800倍液、20%福奇悬浮剂1 500倍液、30%度锐悬浮剂3 000倍液、40%福戈水分散粒剂3 000倍液、5%美除乳油1 000～1 500倍液、5%抑太保乳油1 000倍液、5%菜喜乳油1 000倍液、10%除尽悬浮剂1 000～1 500倍液、1.0%甲氨基阿维菌素苯甲酸盐乳油1 500～3 000倍液、2.5%功夫水剂1 000倍液、5%氟铃脲乳油1 000倍液或48%多杀霉素乳油2 000倍液喷雾。

甘 蓝 夜 蛾

[为害状] 以幼虫为害茄子叶片、花蕾、幼果，如图122。幼虫龄期稍大时可以将叶片吃成大面积缺刻，如图123。

[为害习性] 甘蓝夜蛾年发生3～4代。以蛹在土壤中越冬。在华北，春、秋两季多为害露地茄子。成虫对黑光灯和糖蜜气味有较强的趋性。

图122 甘蓝夜蛾幼虫为害茄子叶片

图123 大龄幼虫啃食茄子
叶片呈大面积缺刻状

[防治关键技术]

（1）**生态防治**：设置防虫网封闭棚室风口是避免或减少使用杀虫剂生产绿色蔬菜的有效方法。根据预测预报结果和甘蓝夜蛾习性，可设置黑光灯、性诱剂和糖醋液捕捉器（图124）诱捕黏虫板。

（2）**药剂防治**：虫卵高峰3～4天后，可选用100亿活芽孢/克Bt粉剂800倍液、20%福奇悬浮剂1 500倍液、25%度锐悬浮剂3 000倍液、40%福戈水分散粒剂3 000倍液喷施，25～30天1次，或5%美除乳

图124 诱捕夜蛾雄虫的性诱剂捕捉器

油1 000 ～ 1 500倍液、5％抑太保乳油1 000倍液、5％菜喜乳油
1 000倍液、10％除尽悬浮剂1 000 ～ 1 500倍液、2.5％功夫水剂
1 000倍液，20 ～ 30天1次。

黄 斑 螟

[为害状] 以幼虫为害叶片，龄期稍大时啃食叶肉造成叶片缺
刻，有时也蛀入茎秆取食，如图125、图126，影响植株正常生长
和产量。

图125　黄斑螟蛀食茄茎秆状

图126　黄斑螟成虫

[**为害习性**]　黄斑螟年发生约6代。以老熟幼虫和蛹在枯枝落叶或表土内越冬。多为害南方露地茄子，北方较少。在华北，春、秋两季多为害露地茄子。成虫对黑光灯和糖蜜气味有较强趋性。

[**防治关键技术**]

①清除田间杂草和拉秧后的残留植株，集中深埋或烧毁，或沤肥。

②幼虫发生初期，尽早摘除被害而产生的卷叶。

③药剂防治：虫卵高峰3～4天后，可用20％福奇悬浮剂1 500倍液、25％度锐悬浮剂3 000倍液、40％福戈水分散粒剂3 000倍液喷施，25～30天1次；或用5％美除乳油1 000～1 500倍液、5％抑太保乳油1 000倍液、5％菜喜乳油1 000倍液、10％除尽悬浮剂1 000～1 500倍液、1.0％甲氨基阿维菌素苯甲酸盐乳油3 000倍液、2.5％功夫水剂1 000倍液喷杀，20～25天1次。

四、防治关键技术操作处方

营养土药剂处理配方

取没有种过蔬菜的大田土与腐熟的有机肥按 6 ： 4 比例混均，并按 1 米^3 的苗床土加入 68％金雷水分散粒剂 100 克和 2.5％适乐时悬浮剂 100 毫升拌土一起过筛混匀。用这样的土壤装营养钵或铺在育苗畦上。可以避免苗期立枯病、炭疽病和猝倒病的为害，还可以用以上两种药剂混合后的 200～400 倍液在播种前喷洒苗床表面，然后把种子播在含药的土壤中，有较好的预防苗期病害作用。

种子药剂包衣处理配方

用 6.25％亮盾悬浮剂 10 毫升，或 2.5％适乐时悬浮剂 10 毫升＋35％金普隆乳化拌种剂 2 毫升，对水 150～200 毫升包衣 3～4 千克种子，可有效防治苗期立枯病、炭疽病、猝倒病等病害发生。

营养钵育苗营养土配制

选用 3 年未种过茄果类蔬菜的肥沃的表层沙壤土 50％，加腐熟过筛的厩肥 50％，每立方米加入 0.5～1 千克氮、磷、钾复合肥。配好料后，将土壤与肥料充分混合均匀，然后装入营养钵，摆放在畦内备用。

穴盘育苗营养土配制

选用草炭与蛭石为基质的，其比例为 2 ： 1，或选用草炭与蛭石加废菇料为基质的，其比例为 1 ： 1 ： 1。配制基质时加入氮（N）：磷（P$_2$O$_5$）：钾（K$_2$O）为 15 ： 15 ： 15 的复合肥 2.5～

2.8千克/米^3；或每立方米基质中加入尿素1.3千克、磷酸二氢钾1.5千克；或单加磷酸二铵2.5千克。肥料与基质混拌均匀后备用。128孔的育苗盘每1 000个育苗盘备用基质约3.7米^3，72孔的育苗盘每1 000个青苗盘备用基质约4.7米^3，覆盖料一律用蛭石。

育苗抗寒生物药剂及施药法

（1）3.4%碧护可湿性粉剂5 000倍液喷施或淋根。

（2）50克红糖加1背负式喷雾器水，再加上0.3%磷酸二氢钾，混匀喷施。

（3）10亿活芽孢/克枯草芽孢杆菌400倍液喷施或淋灌。

药剂封闭土壤防治烂根病操作程序

配制68%金雷水分散粒剂500倍液，在秧苗定植前，对穴坑和定植沟进行封闭式地面喷施。注意先喷药，后定植，以保证秧苗的移栽安全和对茎基腐病的有效预防。

茄子蘸花预防灰霉病配方

（1）甲硫乙霉威2号3袋药对4 200毫升水加上1袋（10毫升）2.5%适乐时悬浮剂（春季升温时节可以考虑每袋药对1 500毫升水）。

（2）每1 500毫升稀释后的丰产剂2号药液加1袋（10毫升）2.5%适乐时悬浮剂后蘸花、喷花均可。

（3）每1 500毫升稀释后的丰产剂2号药液加2克50%和瑞水分散粒剂。

（4）1 500～2 000毫升稀释后的2,4-D蘸花药液加入2～3克50%和瑞水分散粒剂。

高温闷棚防治线虫病操作程序和物料配比

每667米^2（即1亩）用农家肥4米^3＋秸秆5 000千克＋尿素20千克＋速腐剂（加速腐化发酵菌）10千克。秸秆均匀铺成8～10厘米厚。

操作顺序是：①拉秧，并将其带出棚室集中烧毁或深埋；②铺设闷棚填充物农家肥、碎秸秆、尿素等于土壤表面；③均匀分撒速腐剂；④深耕旋碎，深度为30厘米；⑤大水漫灌，浇透，以土表见水亮为适度；⑥覆盖地膜；⑦插上地温表，20厘米地温达45～60℃；⑧闷棚15～20天以上，透气10～12天后可以定植。

土壤生物氮（氰氨化钙）药剂处理操作程序

（1）清棚前浇一遍水、水下渗后拔秧；

（2）将未完全腐熟的农家肥或农作物碎秸秆，均匀地铺撒在土壤表面；

（3）每667米^{2}用60～80千克氰氨化钙均匀撒施在土壤表面；

（4）旋耕土壤10厘米深使其混合均匀；

（5）再浇一次水，以手攥土壤成团为合适；

（6）覆盖地膜；

（7）地温达到40℃高温闷棚10～15天，然后揭去地膜，放风7～10天后可做垄定植。处理后的土壤栽培前注意增施磷、钾肥和生物菌肥。

懒汉灌根治虫法（蚜虫、粉虱、蓟马）

用强内吸性杀虫剂25%阿克泰水分散粒剂或24.7%阿立卡微囊悬浮剂，在移栽前2～3天以1 000～1 500倍液即1桶水加8～10克阿克泰或15毫升阿立卡，喷淋幼苗，使药液除叶片以外还要渗透到土壤中。平均每平方米苗床喷药液4升左右，或4克阿克泰对1桶水喷淋100棵幼苗，持效期可达20～30天，有很好的防治蚜虫、粉虱和预防媒介害虫传播病毒病的作用。

五、茄子一生病害整体防控方案（傻瓜大处方）

越冬早春保护地茄子一生病害防治大处方
（10月至翌年6月）

移栽棚室缓苗后开始（大约定植10～15天后）：

第一步：喷75%达科宁可湿性粉剂1次，1袋药（100克）对3桶水，10天1次（完成第一次喷药后隔10天以后再进行第二步操作，依此类推）。

第二步：喷25%阿米西达悬浮剂1次，1袋药（10毫升）对1桶水，15～20天1次。

第三步：喷68%金雷水分散粒剂，30克药对1桶水，7天1次。

第四步：喷25%阿米西达悬浮剂1次，1袋药（10毫升）对1桶水，20～25天1次。

第五步：喷25%瑞凡悬浮剂，25毫升药对1桶水，10天1次；或68%金雷水分散粒剂，30克药对1桶水，7天1次。

第六步：喷2.5%适乐时悬浮剂或50%和瑞水分散粒剂1次，1袋药（10毫升）对1桶水，10天1次（此阶段应该进行蘸花，必须保证蘸花的药剂中加入防治灰霉病的药剂）。

第七步：喷40%瑞镇水分散粒剂，1袋药（15克）对1桶水，12天1次（此阶段应该进行蘸花，必须保证蘸花药剂中加入防治灰霉病的药剂）。

第八步：喷25%阿米西达悬浮剂1次，1袋药（10毫升）对1桶水，20天1次。

第九步：喷10%世高水分散粒剂1次，1袋药（10克）对1桶水，7～10天1次。

第十步：喷25%爱苗乳油，1袋药（5毫升）对1桶水，25天1次（此阶段应该进行蘸花，应时刻关注灰霉病的发生，在保证蘸花药中加入防治灰霉病药剂的同时还要随时掌握发病情况，补喷防灰霉的药剂，此时控制住灰霉病，以后就不会发生烂茄）。

第十一步：喷75%达科宁可湿性粉剂，1袋药对3桶水，10天1次。

第十二步：喷25%阿米西达悬浮剂1次，1袋药（10毫升）对1桶水，15天1次。

第十三步：喷75%达科宁可湿性粉剂，1袋药对3桶水，10天1次（接近收获后期可以放弃用药）（共170天左右）。

注意实施保花保果技术措施时及时加入防治灰霉病的药剂。

冬早春保护地茄子一生病害防治大处方
（2月中旬至6月）

移栽田缓苗后开始（大约定植10～15天后）：

第一步：喷75%达科宁可湿性粉剂1次，1袋药（100克）对3桶水，10天1次（完成第一次喷药后隔10天以后再进行第二步操作，依此类推）。

第二步：喷25%阿米西达悬浮剂1次，1袋药（10毫升）对1桶水，20～25天1次。

第三步：喷2.5%适乐时悬浮剂或50%和瑞水分散粒剂1次，1袋药（10毫升）对1桶水，10天1次（此阶段应该进行蘸花，必须保证蘸花的药剂中加入防治灰霉病的药剂）。

第四步：喷25%阿米西达悬浮剂1次，1袋药（10毫升）对1桶水，20天1次。

第五步：喷25%瑞凡悬浮剂，25毫升药对1桶水，10天，1次；或68%金雷水分散粒剂，30克药对1桶水，7天1次。

第六步：喷10%世高水分散粒剂1次，1袋（10克）对1桶水，7～10天1次。

第七步：喷25%阿米西达悬浮剂1次，1袋药（10毫升）对1

桶水，20天1次。

第八步： 喷75%达科宁可湿性粉剂，1袋药（100克）对3桶水，7～10天1次，直至收获（90天左右）。

注意实施保花保果技术措施时及时加入防治灰霉病的药剂。

春季大棚茄子一生病害防治大处方
（3月中旬至6月）

移栽田缓苗后开始（大约定植10～15天后）：

第一步：喷75%达科宁可湿性粉剂1次，1袋药（100克）对3桶水，10天1次（完成第一次喷药后隔10天以后再进行第二步操作，依此类推）。

第二步：喷25%阿米西达悬浮剂1次，1袋药（10毫升）对1桶水，15天1次。

第三步：喷2.5%适乐时悬浮剂，1袋药（10毫升）对1桶水，10天1次（此阶段应该进行蘸花，必须保证蘸花的药中加入防治灰霉病药剂）。

第四步：喷25%阿米西达悬浮剂1次，1袋药（10毫升）对1桶水，15～20天1次。

第五步：喷25%瑞凡悬浮剂，25毫升药对1桶水，10天1次；或68%金雷水分散粒剂，30克药对1桶水，7天1次。

第六步：喷56%阿米妙收悬浮剂1 000倍液，10天1次（此时接近收获结束）。

秋季大棚茄子一生病害防治大处方
（8月中旬至11月中旬）

移栽田缓苗后开始（大约定植10～15天后）：

第一步：喷75%达科宁可湿性粉剂1次，1袋药（100克）对3桶水，10天1次（完成第一次喷药后隔10天以后再进行第二步操作，依此类推）。

第二步：喷56%阿米多彩1次，1袋药（25毫升）对1桶水，10天1次；或10%世高水分散粒剂，10克药对1桶水，7～10天1次。

第三步：喷25%阿米西达悬浮剂1次，1袋药（10毫升）对1桶水，15天1次。

第四步：喷25%瑞凡悬浮剂，25毫升药对1桶水，10天1次；或68%金雷水分散粒剂，30克药对1桶水，7天1次。

第五步：喷32.5%阿米妙收悬浮剂1 000倍液，7～10天1次。

第六步：喷30%爱苗乳油，1袋药（5毫升）对1桶水，25天1次，直至收获。

此阶段应该注意晚秋灰霉病的发生，假如要秋延迟栽培需要保证防病时加入预防灰霉病的药剂，如和瑞等。

六、菜田常用农药商品名称 与通用名称对照表

以书中出现先后顺序排列

作用类型	商品名称	通用名称	剂型	含量 (%)	生产厂家或 国内代理商
杀菌剂	金雷	精甲霜灵锰锌	水分散粒剂	68	先正达公司
杀菌剂	世高	苯醚甲环唑	水分散粒剂	10	先正达公司
杀菌剂	适乐时	咯菌腈	悬浮剂	2.5	先正达公司
杀菌剂	卉友	咯菌腈	可湿性粉剂	50	先正达公司
杀菌剂	势克	苯醚甲环唑	乳油	90	先正达公司 (江门植保公司)
杀菌剂	百菌清	百菌清	可湿性粉剂	75	云南化工厂等
杀菌剂	达科宁	百菌清	可湿性粉剂	75	先正达公司
杀菌剂	福尔马林	甲醛	晶体	40	上海试剂厂
杀菌剂	硫酸铜	硫酸铜	晶体	90	国产和进口
杀菌剂	多菌灵	多菌灵	可湿性粉剂	50	江苏新沂
杀菌剂	甲基托布津	甲基硫菌灵	可湿性粉剂	70	日本曹达 江苏新沂等
生长调节剂	碧护	赤吲乙芸	可湿性粉剂	3.4	德国马克普兰 (佳禾诚信公司)
杀菌剂	金普隆	精甲霜灵	拌种剂	35	先正达公司
杀菌剂	克抗灵	霜脲锰锌	可湿性粉剂	72	河北科绿丰
杀菌剂	霜疫清	霜脲锰锌	可湿性粉剂	72	保定化工八厂
杀菌剂	杀毒矾	恶霜锰锌	可湿性粉剂	64	先正达公司

(续)

作用类型	商品名称	通用名称	剂型	含量(%)	生产厂家或国内代理商
杀菌剂	安克	烯酰吗啉锰锌	可湿性粉剂	50	巴斯夫公司
杀菌剂	普力克	霜霉威	水剂	72.2	拜耳公司
杀菌剂	阿米西达	嘧菌酯	悬浮剂	25	先正达公司
杀菌剂	霉能灵	亚胺唑	可湿性粉剂	5	日本北兴(江门植保公司)
杀菌剂	瑞凡	双炔酰菌胺	悬浮剂	25	先正达公司
杀菌剂	大生	代森锰锌	可湿性粉剂	80	陶氏公司
杀菌剂	阿米多彩	嘧菌酯·百菌清	悬浮剂	56	先正达公司(江门植保公司)
杀菌剂	农利灵	农利灵	干悬浮剂	50	巴斯夫公司
杀菌剂	多霉清	乙霉威·多菌灵	可湿性粉剂	50	保定化工八厂
杀菌剂	利霉康	乙霉威·多菌灵	可湿性粉剂	50	河北科绿丰
杀菌剂	瑞镇	嘧菌环胺	水分散粒剂	50	先正达公司(新禾丰公司)
杀菌剂	加收米	kasugamycin	水剂	2	日本北兴(江门植保公司)
杀菌剂	阿米妙收	苯醚甲环唑·醚菌酯	悬浮剂	32.5	先正达公司
杀菌剂	加瑞农	氧氯化铜·春雷霉素	可湿性粉剂	47	日本北兴(江门植保公司)
杀菌剂	铜高尚	氧氯化铜	悬浮剂	27.12	日本
杀菌剂	细菌灵	链霉素·琥珀铜	片剂	25	齐齐哈尔四友
杀菌剂	菲格	金甲霜灵·百菌清	悬浮剂	25	齐齐哈尔四友
杀菌剂	链霉素	农用硫酸链霉素	可湿性粉剂	1 000万单位	河北科诺

(续)

作用类型	商品名称	通用名称	剂型	含量（%）	生产厂家或国内代理商
杀菌剂	枯草芽孢杆菌	枯草芽孢杆菌	可湿性粉剂	10亿	河北科绿丰
杀菌剂	DTM	琥·乙磷铝	可湿性粉剂	80	江苏企业
生长调节剂	赤霉素	九二〇	晶体	75	上海十八厂
杀菌剂	爱苗	苯醚·丙环唑	乳油	30	先正达公司
杀菌剂	万霉灵	乙霉威·甲基硫菌灵	可湿性粉剂	50	江苏新沂
杀菌剂	扑海因	异菌脲	可湿性粉剂	50	拜耳公司
杀菌剂	易保	famoxadone/代森锰锌	可湿性粉剂	68.75	杜邦公司
杀菌剂	可杀得	氢氧化铜	可湿性粉剂	77	美国固信
杀菌剂	凯润	吡唑醚菌酯	乳油	25	巴斯夫公司
杀菌剂	施佳乐	嘧霉胺	悬浮剂	40	拜耳公司
杀菌剂	品润	代森锌	干悬浮剂	70	巴斯夫公司
杀菌剂	速克灵	腐霉利	可湿性粉剂	50	日本住友
杀菌剂	福气多	噻唑磷	颗粒剂	10	日本石原
杀虫剂	阿立卡	噻虫嗪·高效氯氟氰菊酯	微囊悬浮剂	24.7	先正达公司
杀虫剂	阿克泰	噻虫嗪	水分散粒剂	25	先正达公司（江门植保公司）
杀虫剂	美除	虱螨脲	乳油	5	先正达公司
杀虫剂	度锐	噻虫嗪·氯虫苯甲酰胺	悬浮剂	30	先正达公司
杀虫剂	吡虫啉	吡虫啉	可湿性粉剂/乳油	10	威远生化/江苏红太阳等
杀虫剂	虫螨克星	阿维菌素	乳油	1.8	威远生化

（续）

作用类型	商品名称	通用名称	剂型	含量（%）	生产厂家或国内代理商
杀虫剂	印楝素	印楝素	水剂	1.0	陕西西农
杀虫剂	乐斯本	毒死蜱	乳油	48	陶氏公司
杀虫剂	功夫	三氟氯氰菊酯	水剂	2.5	先正达公司
杀虫剂	福奇	高效氯氟氰菊酯·氯虫本甲酰胺	悬浮剂	20	先正达公司
杀线虫剂	克线磷	灭线磷	颗粒剂	5	国内企业
杀虫剂	度锐	噻虫嗪·氯虫苯甲酰胺	悬浮剂	30	先正达公司
杀虫剂	艾绿士	乙基多杀霉素	悬浮剂	6	陶氏公司